FORSCHUNGSBERICHTE DES LANDES NORDRHEIN-WESTFALEN

Nr. 1269

Herausgegeben
im Auftrage des Ministerpräsidenten Dr. Franz Meyers
von Staatssekretär Professor Dr. h. c. Dr. E. h. Leo Brandt

Dipl.-Ing. K. H. Eberhard Kroemer

Max-Planck-Institut für Arbeitsphysiologie, Dortmund

Direktor: Prof. Dr. med. Gunther Lehmann

Bedienteile an Handpressen und anderen Werkzeugmaschinen

WESTDEUTSCHER VERLAG · KÖLN UND OPLADEN 1963

ISBN 978-3-663-06190-8 ISBN 978-3-663-07103-7 (eBook)
DOI 10.1007/978-3-663-07103-7

Verlags-Nr. 011269

Gesamtherstellung: Westdeutscher Verlag

Inhalt

1. Einleitung

Über die zweckmäßige Art und günstige räumliche Anordnung von Bedienteilen – wie Handräder, Kurbeln und Hebel – gibt es eine umfangreiche Literatur. Sie ist jedoch fast ausnahmslos beschränkt auf folgende Anwendungsfälle:

1. a) Einstellen eines mit dem Bedienteil gekoppelten Zeigers auf eine gewünschte Lage.
   b) Nachfahren einer sich bewegenden Marke mit einem Zeiger, der mit dem Bedienteil gekoppelt ist.
   c) Fälle a) und b) jeweils bei einer Teil- oder vollen Umdrehung oder bei mehreren Umdrehungen des Bedienteils; bei unterschiedlichen Drehwiderständen.
2. a) Einleitung eines möglichst großen Energiebetrages in das Bedienteil bei einer Umdrehung oder mehreren aufeinanderfolgenden Umdrehungen des Bedienteiles.
   b) Einleiten eines möglichst großen statischen Drehmomentes oder einer möglichst großen Kraft in das ganz oder nahezu feststehende Bedienteil.

Anscheinend fehlen aber noch Untersuchungen über die zweckmäßige Art und Lage von Bedienteilen, an denen vom Menschen Arbeit geleistet werden soll, indem er sie um weniger als 360° wiederholt gegen einen Arbeitswiderstand hinbewegt und unbelastet zurückbewegt. Da solche Arbeitsbedingungen in der Praxis häufig vorkommen – wie u.a. in diesem Bericht nachgewiesen wird –, ist eine Untersuchung hierüber angebracht.

Um Klarheit für den folgenden Bericht zu schaffen, müssen zunächst einige Definitionen gegeben werden:

> »Handpresse« ist eine Presse, deren für den Arbeitsvorgang notwendige Energie vom Menschen über seine Hand in sie eingeleitet wird.

Die Energiezufuhr durch den Menschen erfolgt über das »Bedienteil«:

> »Bedienteil« ist das Bauteil, über das ein Mensch auf eine Vorrichtung die für die Arbeitsaufgabe nötige Energie überträgt.

Das Bedienteil ist also »Handseite« und »Krafteinleitseite« der Maschine oder Vorrichtung im Sinne HERIGS [4]. Die Handseite des Bedienteils ist der »Griff«:

> »Griff« ist die Stelle des Bedienteiles, an der die Hand angreifen soll.

2. Handpressen und ihr Einsatz in den Betrieben

Damit die Untersuchung nicht nur theoretisches Interesse befriedigt, sondern in der Praxis benötigte und anwendbare Ergebnisse zeigt, war es angebracht, zunächst festzustellen, wo und in welchem Ausmaß die vorher genannten Arbeiten an Bedienteilen vorkommen und in welcher Form sie auftreten. Die Arbeitsweise »Drehen eines Bedienteils um weniger als 360° gegen einen Arbeitswiderstand, unbelastetes Zurückdrehen« tritt besonders häufig und in besonders reiner Form an Handpressen auf, wie im folgenden erläutert wird.

2.1 Welche Arten von Handpressen gibt es?

Die in der Praxis üblichen Bezeichnungen der verschiedenen Arten von Handpressen sind hier unbrauchbar. Diese Bezeichnungen werden – das oft inkonsequent – aus der Art der Arbeitsaufgabe (»Montagepresse«, »Dornpresse«) oder des Maschinengestells (»Einständerpresse«, »Säulenpresse«) abgeleitet. Solche Bezeichnungen geben weder zutreffenden noch hinreichenden Aufschluß über die Art und den Einsatz dieser Maschinen. Deshalb muß zunächst eine zutreffende Benennungsmethodik gefunden werden. Hierfür bietet sich der Pressenmechanismus an, d. h. die technische Ausführung, mit der die Kraft- und Wegübersetzung vom Bedienelement zu Stößel erreicht wird.

Demnach gibt es folgende Arten von Handpressen:

1. Spindelpressen (PSH[1])
   Eine mehrgängige, nicht selbsthemmende Spindel wird um ihre Längsachse

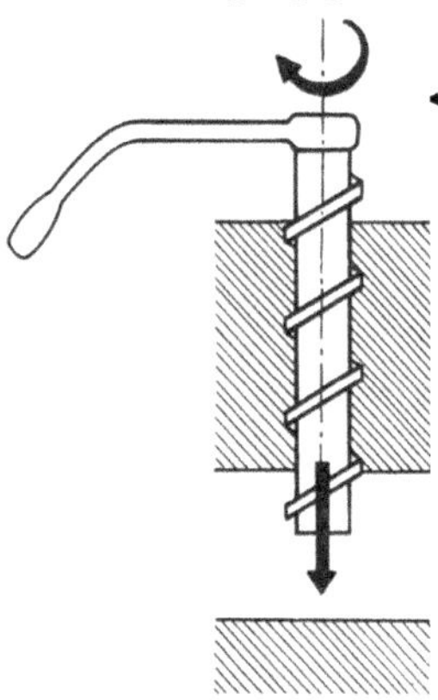

◄ Abb. 1 Spindelpresse

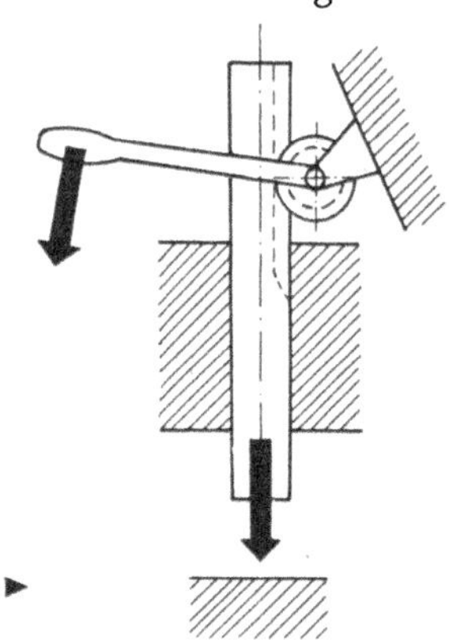

Abb. 2 Zahnstangenpresse ►

[1] Kurzzeichen analog zu DIN 55001:

1. Großbuchstabe: kennzeichnet Maschinenart: P für Presse.
2. Großbuchstabe: kennzeichnet Mechanik: S für Spindel, Za für Zahnstange, H für Hebel, K für Kurbel, Kn für Kniehebel.
3. Großbuchstabe: kennzeichnet Antrieb: H für Handantrieb.

gedreht und so gegenüber der Spindelmutter (Gestell) in Richtung ihrer Längsachse verschoben (Abb. 1).

2. Zahnstangenpressen (PZaH)
   In eine Zahnstange greift ein Ritzel ein, das mittels des Bedienteils gedreht wird, wodurch die Zahnstange in Richtung ihrer Längsachse verschoben wird (Abb. 2).

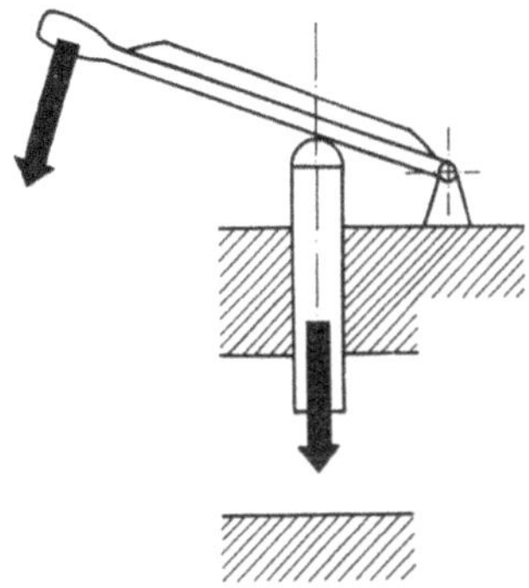

Abb. 3 Hebelpresse

3. Hebelpressen (PHH)
   An einem langen Hebelarm greift die Handkraft mit großem Weg an; an einen kurzen Hebel wird entsprechend dem Hebelverhältnis die vergrößerte Preßkraft bei kleinem Hub an das Wirkpaar[2] abgegeben (Abb. 3).

Bei Spindel-, Zahnstangen- und Hebelpressen bleibt das Übersetzungsverhältnis über den Hub konstant.

4. Schubkurbelpressen
   Ein Exzenter wird gedreht. Er ist mit dem Stößel über eine Schubstange drehgelenkig verbunden (Abb. 4).

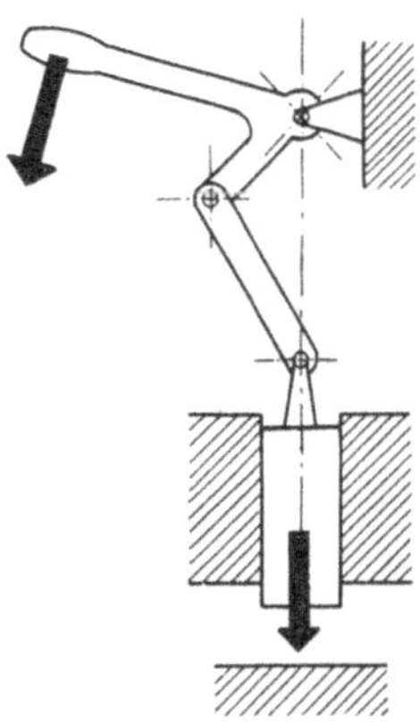

◄ Abb. 4 Schubkurbelpresse

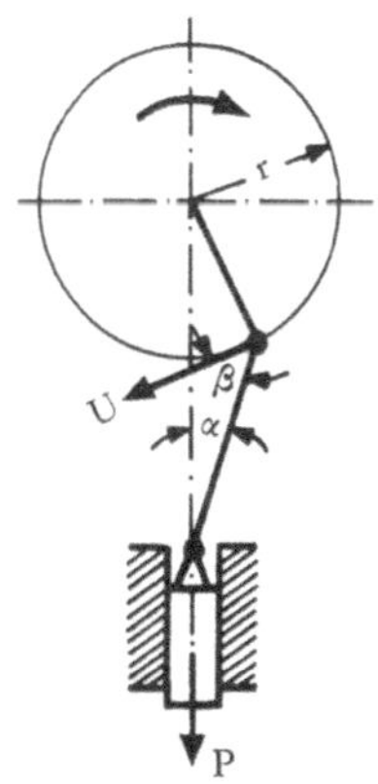

Abb. 5 Zur Ableitung des Übersetzungsverhältnisses bei Schubkurbelpressen ►

Die Preßkraft P ergibt sich je nach Stellung von Kurbel, Schubstange und Schieber (Stößel) zueinander nach:

$$P = U \frac{\cos \alpha}{\cos \beta} \qquad \text{(s. Abb. 5)}$$

U ist die Umfangkraft am Exzenter.

[2] Wirkpaar: Werkzeug und Werkstück (nach KIENZLE).

Das Übersetzungsverhältnis verändert sich also während des Hubs entsprechend der Lage der einzelnen Glieder der Gelenkkette.
Man unterscheidet zwei Arten dieser Schubkurbelpressen, wobei beiden das gleiche kinematische System zugrunde liegt:

a) Kurbelpressen (PKH)
b) Kniehebelpressen (PKnH)
Kurbelpressen sind im Gegensatz zu Kniehebelpressen mit größeren trägen Massen (Energiespeicher) ausgestattet; der untere Umkehrpunkt kann überschritten werden.

Handpressen unterscheiden sich außerdem in ihrer »charakteristischen Arbeitsweise«, d. h. nach ihrer Fähigkeit, in bewegten Teilen Energie zu speichern und diese beim Aufsetzen des Stößels wieder abzugeben. Die Größe dieser trägen Massen und ihre Geschwindigkeit während des Arbeitsvorganges sind ein wichtiges Merkmal, das die Arbeitsweise erheblich beeinflußt.

Theoretisch lassen sich unterscheiden:

»Schwung-« oder »Wuchtpressen«, deren Arbeitsvermögen der kinetischen Energie der bewegten Massen entspricht; Verlauf von Handkraft und Stößelkraft entsprechen sich nicht.
»Kraftpressen«, die kein Speichervermögen haben, bei denen die Stößelkraft eine Funktion der Handkraft am Griff ist.

Tatsächlich ist die Unterscheidung der verschiedenen Handpressen nach »Schwung-« bzw. »Kraftpressen« schwierig, da die beiden Arten ineinander übergehen. Es ist aber sicher, daß eine reine »Kraftpresse« für andere Arbeiten geeignet ist als eine »Schwungpresse« und daß die Belastung des Menschen, der daran arbeitet, bei beiden Pressentypen unterschiedlich ist.

Mit den verschiedenen Arten von Handpressen können unterschiedliche Preßkräfte am Wirkpaar erreicht werden. Diese Preßkräfte werden nach oben begrenzt entweder durch die zulässige Beanspruchung des Gestells (Bruchfestigkeit, Auffederung) oder durch die zulässige Handkraft am Bedienteil. Nach den Angaben der Hersteller wurde folgende Übersicht (Abb. 6) angefertigt:

Mit Spindelpressen können also Preßkräfte von ca. 1 bis 10^2 Mp erzielt werden, mit Kurbelpressen bis ca. 4 Mp, mit Kniehebel- und Zahnstangenpressen bis 3 Mp; Hebelpressen gestatten Preßkräfte bis etwa 10^{-1} Mp.

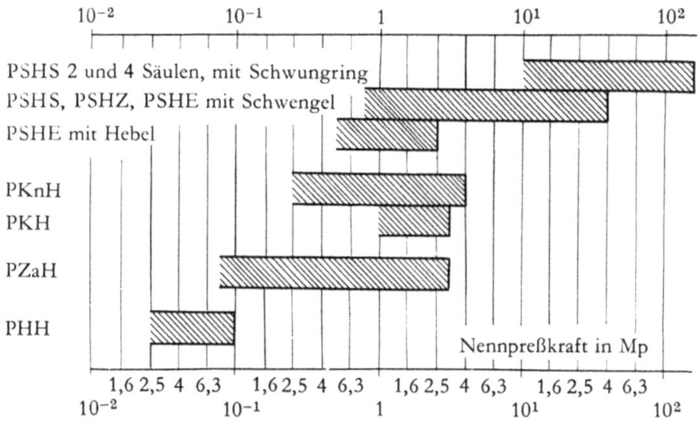

Abb. 6 Zulässige Preßkräfte, die mit den verschiedenen Arten von Handpressen erreicht werden können

PSHS = Spindelpresse, Säulengestell
PSHZ = Spindelpresse, Zweiständergestell
PSHE = Spindelpresse, Einständergestell
PKnH = Kniehebelpresse
PKH = Kurbelpresse
PHH = Hebelpresse

2.2 Wozu werden Handpressen eingesetzt?

Handpressen werden hauptsächlich in der feinmechanischen, optischen und elektrischen Industrie eingesetzt sowie bei der Herstellung von Knöpfen, Schnallen, Brillen, Schuhen, Spielwaren. Mit ihnen wird gepreßt, gedrückt, gestaucht, geprägt, gezogen, gefügt, genietet, gelocht, gestempelt usw. Sie werden also sehr vielseitig zu Trenn-, Umform- und Fügearbeiten bei Herstellung und Montage verwendet.

Trotz ihrer Vielseitigkeit können die Pressen nicht willkürlich eingesetzt werden. Begrenzende Faktoren sind die zulässige Preßkraft, der mögliche Weg des Stößels und die Eigenart des Pressenmechanismus: konstantes oder sich mit dem Hub änderndes Übersetzungsverhältnis und Größe der als Energiespeicher wirkenden trägen Massen.

Außerdem ist natürlich die Einsatzmöglichkeit von Handpressen begrenzt durch die Kräfte und Frequenzen, mit denen ein Mensch das Bedienteil über mehrere Stunden betätigen kann. Beobachtet wurden Betätigungsfrequenzen von 1 bis 30 Hübe/min, wobei am häufigsten 10–20 Hübe/min vorgefunden wurden. Die Frequenzen waren im allgemeinen niedriger, wenn die während des Hubes zu übertragenden Maximalkräfte und Arbeitsbeträge größer waren; beobachtet wurden bis zu 25 kp als Handkraftspitze und bis zu ca. 15 mkp pro Arbeitshub auf das Bedienteil übertragene Energie. Während die Arbeitsbeträge lediglich von der am Wirkpaar erforderlichen Energie und dem Pressenwirkungsgrad abhängen, sind die während des Arbeitshubes auftretenden Kraftspitzen zwar einerseits vom Kraftverlauf am Wirkpaar bestimmt, andererseits aber auch von der Pressenmechanik, d. h. vom Übersetzungsverhältnis Griff/Werkzeug und von der Größe der bewegten trägen Massen, also dem Vermögen, Energie zu speichern und abzugeben.

Seit längerer Zeit wird versucht, für einen Teil der Arbeiten, die vorher mit Handpressen durchgeführt wurden, andere Maschinen zu benutzen, z. B. kleine hydraulische oder pneumatisch betriebene Pressen; auch sogenannte Magnethämmer werden verwendet. Diese Maschinen haben Handpressen gegenüber den Vorteil, daß sie eine größere Arbeitsenergie abgeben und mit höherer Schlagzahl arbeiten können. Außerdem kann an ihnen oft zur Zweihandarbeit übergegangen werden. Sie können aber dann meist nicht an die Stelle der Handpressen treten, wenn das Werkstück vorsichtig und feinfühlig behandelt werden muß (z.B. bei spröden oder zerbrechlichen Werkstoffen wie Glas oder Porzellan) oder wo die aufeinanderfolgenden Arbeitsgänge nicht gleich sind (z.B. bei Nacharbeiten oder Reparaturen).
Daher kann mit gutem Grund angenommen werden, daß auch weiterhin eine recht große Zahl von Handpressen im Einsatz bleibt. Eine Untersuchung über die zweckmäßige Gestaltung der Handpressen und speziell ihrer »Handseite«, d. h. ihrer Bedienteile ist daher jedenfalls gerechtfertigt. Das ist um so mehr der Fall, als sehr ähnliche Arbeitsaufgaben hinsichtlich »Energieeinleitung in Bedienteile« auch an vielen anderen Werkzeugmaschinen, z.B. Bohrmaschinen, Fräsmaschinen usw., zu finden sind. Zwar liegen eine Anzahl von Untersuchungen vor über die optimale Art und Lage von bestimmten Bedienteilen – wie Handräder, Kurbeln, Kreuzhebel –, aber immer unter der Voraussetzung, daß eine oder mehrere volle Umdrehungen gemacht werden [1, 2, 3, 5, 6, 11, 13, 15]. Anscheinend wurde bisher nicht untersucht, wie die Verhältnisse beim Hin- und Herbewegen des Bedienteils über einen Winkelbereich kleiner als 360° bei merklichem Energiebedarf sind. Gerade solche Arbeiten sind aber in der Industrie sehr viel häufiger als die vorher genannten.

2.3 Wie viele Handpressen gibt es?

Nach Angaben von Herstellern, Vertriebsfirmen und übergeordneten Organisationen befanden sich 1960 etwa 50 000 Handpressen aller Art in den Betrieben der Bundesrepublik. Hiervon sind ca. 30 000 nach 1945 hergestellt worden.
Die ungefähre Verteilung der einzelnen Handpressenarten auf die Gesamtzahl gibt Abb. 7 wieder. Die Verteilung der Gesamtzahl auf die Betriebsarten zeigt Abb. 8. Beide Abbildungen geben Anhaltswerte wieder; genaue Zahlen konnten nicht ermittelt werden.
Es zeigt sich, daß die meisten Handpressen Zahnstangenpressen sind und daß Handpressen vornehmlich im Maschinen- und Werkzeugbau und in der Kraftfahrzeug-Industrie eingesetzt werden.

Von der genannten Zahl von 50 000 Handpressen ist nur ein Bruchteil dauernd eingesetzt. Bis auf wenige Ausnahmen sind Handpressen klein und im Verhältnis zu anderen Werkzeugmaschinen billig. Deshalb scheut man sich nicht, sie im Lager abzustellen, wenn sie nicht gebraucht werden; schwere Handpressen, besonders größere Handspindelpressen, werden ohnehin nur gelegentlich benutzt. Schätzungsweise werden etwa 10–20% der Pressen ständig eingesetzt. Das bedeutet, daß täglich 5 000 bis 10 000 Menschen mit Handpressen arbeiten.

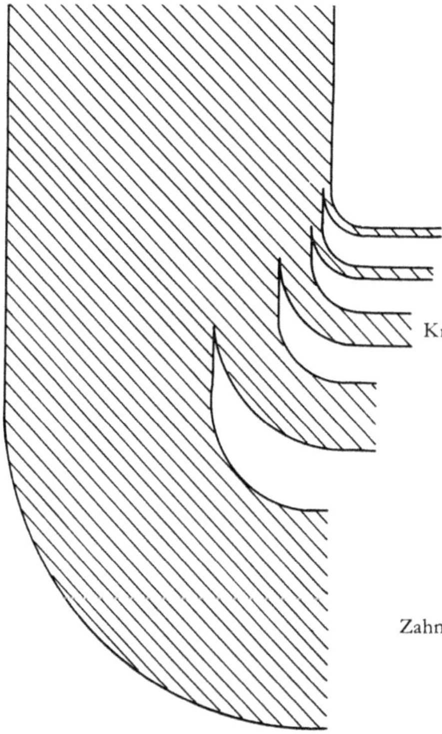

Abb. 7 Verteilung der Handpressenarten auf die Gesamtzahl

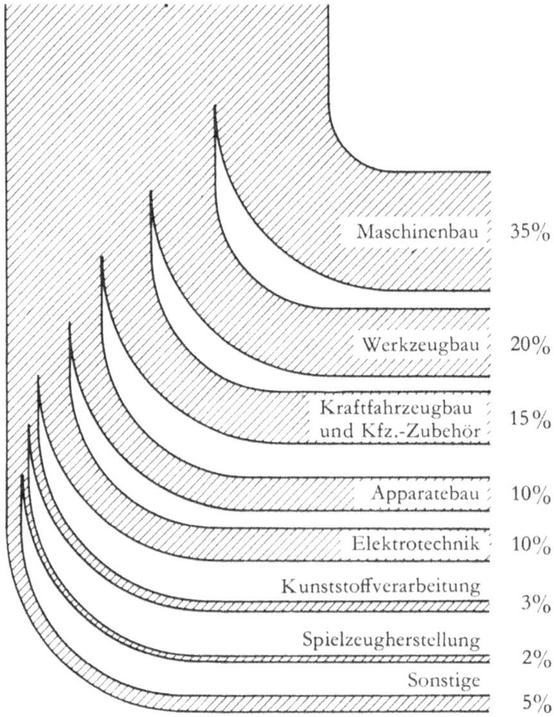

Abb. 8 Verteilung der Handpressen auf die Betriebsarten

3. Griffe

3.1 Kräfte zwischen Hand und Griff

Der Art der Kopplung zwischen Hand und Griff kommt große Bedeutung zu, weil durch die Qualität der Kopplung die Anstrengung des Menschen bei der Arbeit weitgehend bestimmt wird.

Während der Arbeit treten Kräfte auf, die die Hand vom Griff abziehen wollen, und zwar infolge

a) der Arbeitskraft – oder einer Komponente davon –, die auf den Griff von Menschen übertragen wird;

b) des Gewichts von Hand und Arm, die mit dem Griff gekoppelt sind.

Die erforderliche Reaktionskraft auf die abziehende Kraft kann entweder durch kraft- oder formschlüssige Verbindung von Hand und Griff erzielt werden. Formschluß bedeutet, daß die zu koppelnden Teile so gestaltet sind, daß sie sich mechanisch miteinander »verzahnen« und sich nicht voneinander lösen. In unserem Fall kommt also eine Formung des Griffs entsprechend der Hand in Frage. Beim Kraftschluß wird durch Aufeinanderpressen von Hand und Griff eine so große Reibungskraft erzeugt, daß beide Teile aneinander haften.

Zu unterscheiden ist zwischen Kräften, die die Hand axial vom Griff abziehen wollen, und solchen, die radial oder tangential zum Griff wirken. Axiale Kräfte wollen also die Handfläche parallel zur Grifffläche verschieben, radiale oder tangentiale wollen den Abstand zwischen Griff und Hand vergrößern.

3.1.1 Axiale Kräfte

Betrachtet werden zunächst axiale Kräfte zwischen Hand und Griff.

3.1.1.1 Kraftschluß

Die Größe einer Reibungskraft R ergibt sich nach $R = \mu \cdot A$; dabei ist μ der Reibungsbeiwert zwischen Hand und Griff und A die Anpreßkraft, die zwischen beiden wirkt. A steht senkrecht auf R. μ hängt ab einerseits von der Oberflächenbeschaffenheit des Griffs, andererseits vom »Schmiermittel« zwischen Hand und Griff (Schweiß, Fett, Schmutz usw.). Je kleiner die erforderliche Anpreßkraft ist, desto weniger wird es zu unangenehmem Druckempfinden in der Hand kommen;

desto weniger muß die Muskulatur der Finger statisch beansprucht werden. Deshalb soll

a) der Reibungskoeffizient μ möglichst groß sein;
b) die notwendige Reibungskraft R möglichst klein sein.

Da R nur eine Reaktionskraft ist, muß die erzeugende Kraft, die die Hand vom Griff abziehen will, klein gehalten werden. Das ist der Fall, wenn sie senkrecht auf der Griff-Längsachse steht. Bedenkt man außerdem, daß am ökonomischsten dann gearbeitet wird, wenn die Arbeitskraft in jeder Stellung des Bedienteils tangential zur Bahn des Griffs wirkt, so läßt sich folgende abschließende Forderung ableiten:

> Die Längsachse (Oberfläche) des Griffs soll möglichst senkrecht zur Tangente an die Bewegungsbahn des Griffs sein; dabei soll die tatsächliche Richtung der auf den Griff übertragenen Arbeitskraft die Tangente an die Bewegungsbahn sein.

3.1.1.2 Formschluß

Unter einer formschlüssigen Kopplung wird verstanden, daß die geometrische Form der zu koppelnden Glieder so ist, daß ein Abgleiten durch »Verzahnung« verhindert wird. An Handgriffen kann ein Formschluß entweder durch ein Anpassen der ganzen Grifffläche an die Hand erreicht werden, oder aber es können Wülste oder Bunde die neutral gehaltene Griffbreite begrenzen. Ein zu genaues Anpassen des Griffs an die Handform kann dazu führen, daß nicht genügend Möglichkeit besteht, in verschiedener Weise zu greifen. Ein falsch geformter Wulst oder Bund an der Daumenseite der Hand kann hinderlich sein, weil der Daumen oft schräg über ihn hinweggreift. Umfaßt man einen zylindrischen Griff, so erkennt man, daß die Außenkante der Hand (Kleinfingerseite) spiralig um den Umfang des Griffs läuft. Ein Wulst des Griffs an dieser Seite ist also ebenfalls sorgfältig auf die Handform abzustimmen.
In der Praxis und bei unseren Versuchen werden je nach den Arbeitsbedingungen mehr oder weniger der Hand angepaßte Griffe verwendet; der Grad der formschlüssigen Anpassung richtet sich also nach den jeweiligen Umständen. Durch gute Abstimmung der Grifform auf die Arbeitsbedingungen läßt sich jedenfalls fast immer eine zweckmäßige formschlüssige Kopplung zwischen Hand und Griff erzielen.

3.1.1.3 Formschluß oder Kraftschluß?

Bei einer kraftschlüssigen Verbindung von Hand und Griff besteht diese Kopplung nur dann, wenn eine Anpreßkraft vorhanden ist; das feste Umklammern des Griffs bedeutet aber immer statische Muskelbelastung, d. h. Ermüdung. Bei Formschluß dagegen wird die Hand durch die ihr angepaßte Gestalt des Griffs in der gewünschten Lage gehalten. Wenn keine aktive Kraft übertragen wird, müssen die Muskeln nur beansprucht werden, um die Finger um den Griff gebeugt zu halten, nicht jedoch, um eine Anpreßkraft zu erzeugen. Bei formschlüssigen Griffen entsteht beim Übergang von der Wartehaltung der Hand am Griff zur Kraftübertragung oder auch bei schwankendem Kraftverlauf längs des Arbeitsweges ein erwünschter Wechsel der Kontraktionsstärke der beteiligten Muskeln und damit gute Durchblutung. Den Vorteil einer formschlüssigen gegenüber einer kraftschlüssigen Verbindung zeigt auch folgende Überschlagsrechnung:

> Der Reibungswert μ zwischen Hand und Griff liegt in der Größenordnung von 10^{-1}; d. h. muß eine erforderliche Reibungskraft R erzeugt werden, so muß die dazu senkrechte Anpreßkraft A etwa zehnmal so groß sein. Außer beim Schieben des Griffs mit der Handwurzel muß diese Anpreßkraft aber durch aktive, großenteils statische Muskelspannung erzeugt werden.

Je genauer der Griff der Hand angepaßt ist, desto stärker wird die mögliche Greifstellung im voraus festgelegt. Muß ein Griff in vielerlei Weise benutzbar sein, so kann die formschlüssige Anpassung nur schwach sein.

3.1.2. Radiale Kräfte

zwischen Hand und Griff sind zunächst die Kräfte, die vom Menschen auf das Bedienteil als Arbeitskraft übertragen werden, wenn die Anordnung des Griffs entsprechend der vorher ausgesprochenen Forderung ist. Da Finger und Hand, die den Griff umklammern, flexibel sind, versuchen diese Kräfte, die senkrecht zur Grifffläche wirken, die Umklammerungen zu lösen und die Hand radial vom Griff zu entfernen. E. A. Müller [7] stellte fest, daß bei zu kleinem Durchmesser des Griffs die Pressung zwischen Hand und Griff zu stark wird; es kommt zu Schmerzen. Ist der Durchmesser zu groß, so kann der Griff nicht mehr ausreichend umfaßt werden. Günstig ist (bei nicht drehbaren Griffen) der Durchmesserbereich zwischen 20 und 40 mm.
Bei der Arbeit umklammern die Finger den Griff hakenartig. Wird der Griff gegen den Arbeitswiderstand auf den Körper zu gezogen, so werden die Fingerbeuger auf Zug beansprucht, und zwar besonders die Beuger des unteren Fingergliedes, wie man aus dem Biegemomentenverlauf ableiten kann. Ist eine starke Haftreibung zwischen dem Griff und der Hand vorhanden, so kann ein Teil der geforderten Kraft statt mit den Endgliedern der Finger mit den Grundgliedern oder sogar mit einem Teil der Handfläche übertragen werden. Das führt zu einem günstigeren Biegemomentenverlauf und damit zu einer Verminderung der Zugspannung in den Beugern der unteren Fingerglieder.
Wird der Griff mit der Handwurzel geschoben statt gezogen, so vermindert die Reibung zwischen Hand und Griff die Gefahr des Abgleitens, wenn der (ideelle) Kraftangriffspunkt nicht genau in der Achse des Unterarms liegt.
In beiden Fällen, bei gezogenem oder geschobenem Griff, werden durch Reibung zwischen Hand und Griff die Beuger bzw. Strecker des Handgelenkes entlastet, die

eine dorsale bzw. palmare Beugung des Handgelenkes verhindern sollen. Das bedeutet eine Verminderung statischer Muskelbelastung. (Die eben gemachten Ausführungen gelten genauso für die Belastung durch das Eigengewicht von Hand und Arm.)
Eine formschlüssige Verbindung in radialer Richtung, bezogen auf die Längsachse des Griffs, kann im allgemeinen nicht verwirklicht werden, weil dann jeder Griff der Hand- und Fingerform nach nur für einen Benutzer passend gemacht werden kann. Deshalb kommt für den Ausgleich der Kräfte, die die Hand radial oder tangential vom Griff abziehen wollen, eine gute kraftschlüssige Verbindung zwischen Hand und Griff in Frage.

3.1.3 Maßnahmen gegen Abgleiten

Nach den bisherigen Ausführungen können also am Griff folgende Maßnahmen durchgeführt werden:

Um ein seitliches (axiales) Abgleiten der Hand vom Griff zu vermeiden, ist der Griff so zu gestalten, daß eine vorwiegend formschlüssige Kopplung zwischen Hand und Griff bewirkt wird.

Ein solcher Formschluß ist aus praktischen Gründen nicht in radialer oder tangentialer Richtung zum Griff zu erreichen; hier soll ein guter Kraftschluß vorgesehen werden.

3.2 Zweckmäßige Griffe

Zu den in der Praxis vorgefundenen Griffen ist folgendes zu sagen:

Die angetroffenen Knaufe hatten meist eine der Form der Hand nicht genügend entsprechende Gestaltung.

Kugeln sind als Griffe in jedem Fall unerwünscht. Als Griff werden sie auch im Betrieb nie benutzt, da sie auch beim größeren angetroffenen Durchmesser von ca. 40 mm die Kraft auf einer zu kleinen wirksamen Fläche auf die Hand übertragen; es entsteht eine hohe Flächenpressung, die zu schmerzhaften Druckempfindungen führt. Als Bundersatz zur Abstützung der Handkante fehlt ihnen die der Hand angepaßte Abrundung, da sie nicht stetig in den Griff übergehen. Sie können lediglich, wenn sie genügend große Durchmesser besitzen, als Schutz an den Enden von Stangen wirken, an denen man sich sonst verletzen könnte.

Griffe aus Eisen oder Aluminium sind hautunfreundlich; Gummi, Kunststoff oder Holz werden als angenehmer empfunden. Holz und Gummi werden allerdings leicht schmutzig, da sie große Poren besitzen.

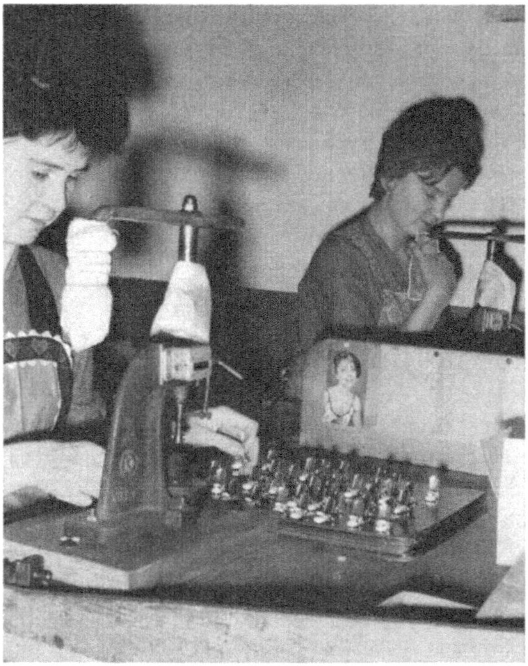

Abb. 9 In »Selbsthilfe« verbesserter Griff

Abb. 10 Greifweise an einem elastischen Griff
(s. auch Abb. 9 rechts)

Griffe mit glatten Oberflächen sind nur dort angebracht, wo eine Relativbewegung zwischen Hand und Griff nötig ist. Das dürfte sehr selten der Fall sein. Fast immer ist eine rauhe Oberfläche erwünscht.
Griffe aus einem elastischen Material (wie Gummi oder weiche Kunststoffe) haben den Vorteil, daß sie sich bei Druckbeanspruchung etwas der Form der Hand bzw. der Finger anpassen können. Dadurch wird die Fläche, an der Kraft übertragen wird, auch auf Gebiete ausgedehnt, die sonst weniger herangezogen würden. Damit erfolgt eine gleichmäßigere und geringere spezifische Druckbelastung der Hand.
Die Abb. 9 und 10 zeigen, wie steife Griffe in Selbsthilfe elastisch gemacht wurden. Die Energie, die in die Presse eingeleitet werden muß, ist sehr gering; gefordert werden aber 1800 Hübe/Stunde, das bedeutet schlagweise Betätigung des Bedienteils.
In den Abb. 11 und 12 sind Grifformen skizziert, wie sie in dieser oder ähnlicher Gestalt nach den Erfahrungen aus Betriebsbesichtigungen und Versuchen empfehlenswert sind. Mit ihnen können auch größere Kräfte übertragen werden, ohne daß es zu Druckbeschwerden kommt; außerdem bieten sie Widerstand gegen Abgleiten.
Skizze A (Abb. 11) zeigt einen einfachen balligen Knauf. Das Verhältnis kleinster zu größter Durchmesser beträgt etwa 0,7.
Skizze B (Abb. 11) zeigt denselben balligen Griff zusätzlich mit einem Bund zur axialen Abstützung. Das Verhältnis kleinster Durchmesser zu Bunddurchmesser ist etwa 0,6. Der Abrundungsradius zwischen Ballen und Bund beträgt etwa 15 mm, um einen fixierenden, aber angenehmen Übergang zu erhalten.
Skizze C (Abb. 11) zeigt einen Griff, wie er als Fahrradgriff käuflich ist. Eine Seite ist mit Aussparungen (Dellen) für die Finger versehen, die andere zeigt eine Riefung. Der Querschnitt hat eine abgeflachte Ovalform; die Verhältnisse kleinster zu größter Durchmesser betragen etwa 0,7 bzw. 0,8.
Skizze D (Abb. 12) zeigt einen Griff, der einem von Herig entworfenen Hammerstiel ähnelt. Er ist dann vorteilhaft, wenn nicht an einer bestimmten Stelle gegriffen wird, aber dennoch an jeder Greifstelle ein gewisser Formschluß ein axiales Abgleiten der Hand verhindern soll. Das Verhältnis vom kleinsten zum größten Durchmesser liegt bei 0,7.
Nach E. A. Müller [7] können mit um ihre Längsachse drehbaren Griffen nur etwa 20–30% geringere Maximalkräfte übertragen werden als mit starren. Da es aber bei den hier betrachteten Griffen nicht um das Erzielen von Höchstkräften geht (werden sehr hohe Kräfte verlangt, dann ist der dauernde Handbetrieb von Arbeitsmaschinen nicht mehr möglich), spielt dieser Gesichtspunkt keine entscheidende Rolle. Dagegen sind drehbare Griffe dann erforderlich, wenn bei der Arbeit mit starren Griffen unangenehme Auslenkungen des Handgelenkes auftreten würden. Auch drehbare Griffe sollen derart geformt sein, daß ein seitliches Abgleiten der Hand verhindert wird. Die in Abb. 11 gezeigten Formen A, B und C sind also auch für drehbare Griffe zweckmäßig.
Im Normalfall sollen alle Griffe aus einem solchen Material bestehen oder so aufgerauht sein, daß sie einer Drehung des Griffs in der Hand einen möglichst großen

Reibungswiderstand entgegensetzen. Das gilt auch für drehbare Griffe. Wenn sie auch wegen des Drehgelenkes keine Reibungskräfte in radialer oder tangentialer Richtung auf das Bedienteil übertragen können, so erleichtert eine rauhe Oberfläche es doch, die geschlossene Umklammerung des Griffs mit Fingern und gegengestelltem Daumen auch bei größeren übertragenen Kräften aufrechtzuhalten.

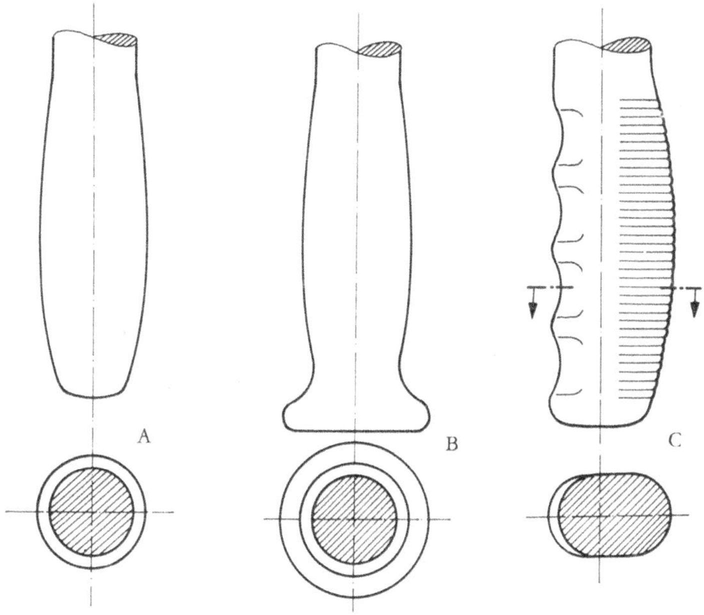

Abb. 11 Vorschläge für zweckmäßige Griffe bei vorgegebener Greifentfernung vom Drehpunkt des Bedienteils

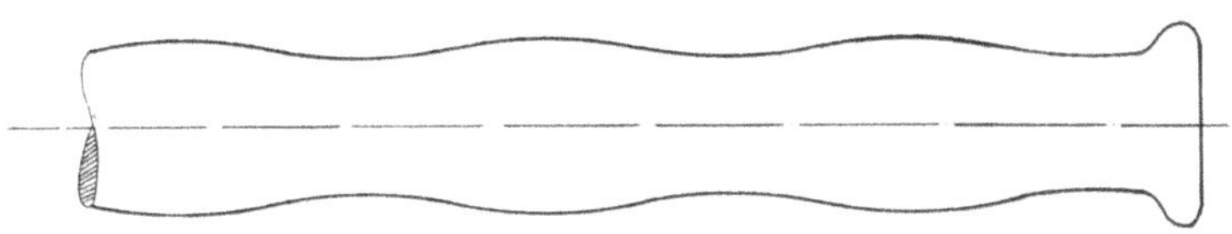

Griffvorschlag D: Greifen an verschiedenen Stellen möglich

Abb. 12 Griff, der an verschiedenen Stellen gefaßt werden kann

4. Bedienteile

4.1 Typische Anordnungen

Die Art von Bedienteilen, die an Werkzeugmaschinen angetroffen wurden, sind in den folgenden Abb. 13 und 14 schematisch aufgezeichnet. (Das Maschinengestell ist schwach ausgezogen, das Bedienteil ist stark gezeichnet. Die Stelle, an der der Griff sitzt, ist geschwärzt.)

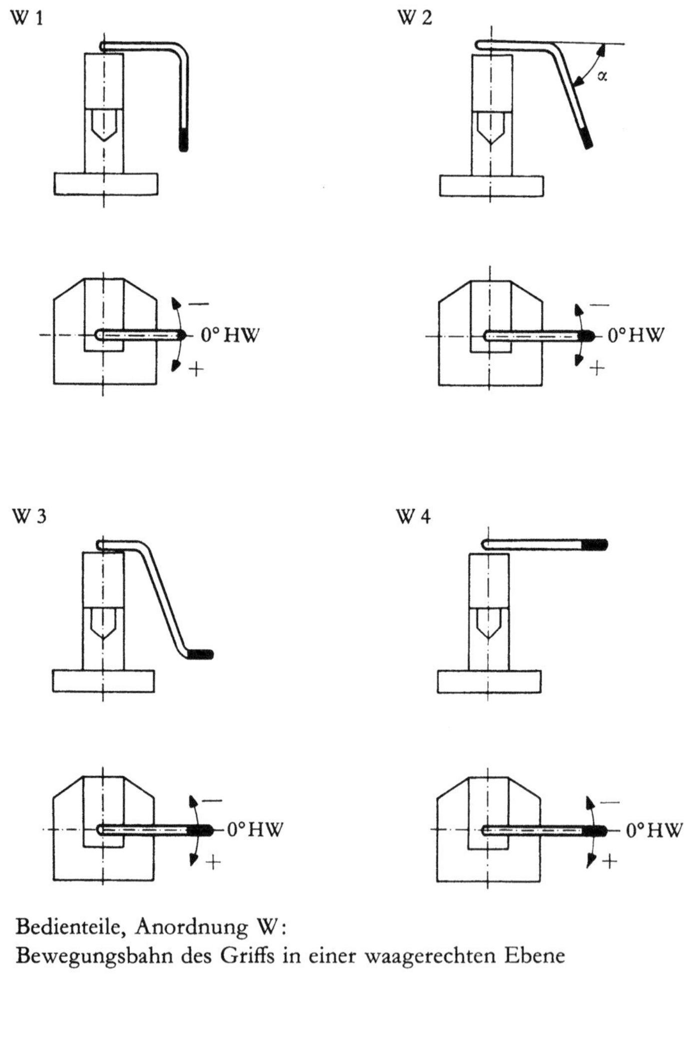

Abb. 13 Bedienteile, Anordnung W: Bewegungsbahn des Griffs in einer waagerechten Ebene

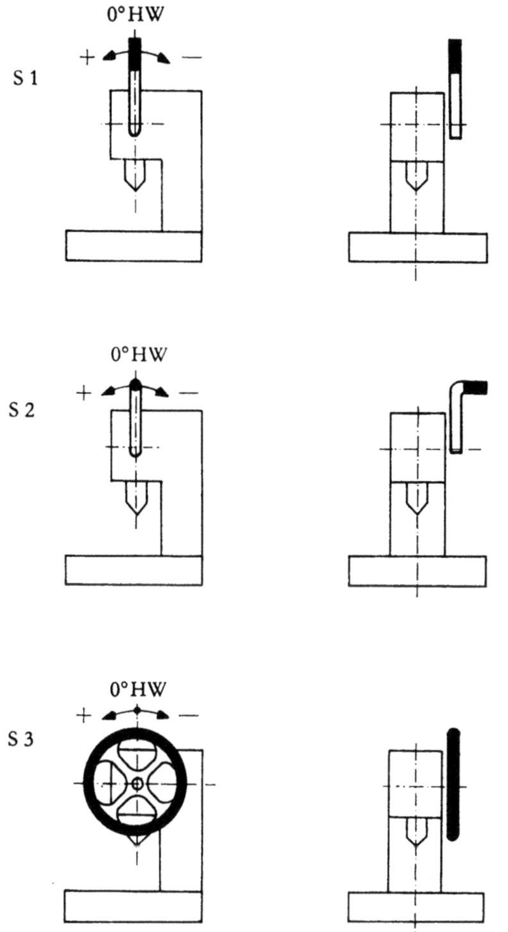

Abb. 14 Bedienteile, Anordnung S:
Bewegungsbahn des Griffs in einer senkrechten Ebene

Aus den Übersichten erkennt man: Grundsätzlich ist zu unterscheiden zwischen

a) Drehachse senkrecht, Bewegungsbahn der Hand (des Griffs) in einer waagerechten Ebene: Gruppe W;

b) Drehachse waagerecht, Bewegungsbahn von Hand und Griff in einer senkrechten Ebene: Gruppe S.

(Schräg im Raum stehende Drehachsen sind äußerst selten; sie können außer Betracht gelassen werden.)

W_3, W_4 und S_1 zeigen »Hebel«. Die Längsachse des Griffs ist senkrecht zur Drehachse des Bedienteils. W_1 und S_2 sind »Kurbeln«. Die Griffachse ist parallel zur Drehachse. W_2 ist eine Zwischenform.

Skizze	Beschreibung	Kurzzeichen
 oder 	Rundeisen 15–30 mm Durchmesser gestrichen nicht drehbar	R
 oder 	Rundeisen 15–30 mm Durchmesser verchromt nicht drehbar	Rc
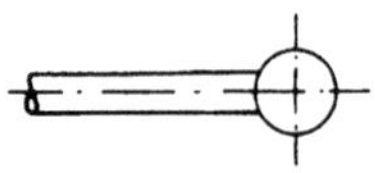	Kugel am Ende der Griffstange max. 30 mm Durchmesser Holz oder Kunststoff glatte Oberfläche nicht drehbar	Kugel
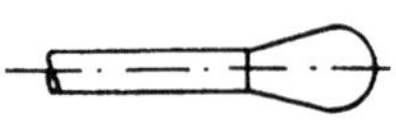	Balliger Knauf am Ende der Stange max. 30 mm Durchmesser ca. 60 mm Länge Holz oder Kunststoff glatte Oberfläche nicht drehbar	Knauf
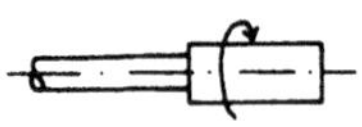	Drehgriff ca. 25 mm Durchmesser ca. 100 mm Länge Holz oder Kunststoff leicht drehbar	D
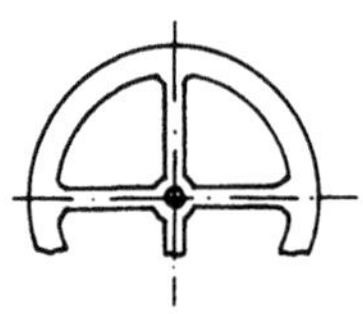	Handrad Eisen gestrichen glatte Oberfläche	H
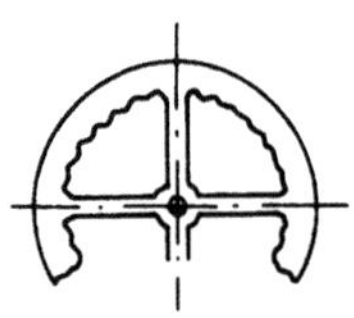	Handrad Eisen gestrichen mit Dellen	Hd

Abb. 15 Bisher in der Praxis verwendete Griffe

In den Abb. 13 und 14 ist die Nullage eingezeichnet, auf die der Hubwinkel bezogen wird, außerdem ist die positive bzw. negative Drehrichtung angegeben.
In der folgenden Abb. 15 wird eine Übersicht über die angetroffenen Griffe gegeben. Die einfachste und häufigste Ausführung ist der Rundstab. Eine Unterscheidung zwischen dem gestrichenen Rundstab (R) und dem verchromten (Rc) scheint deshalb zweckmäßig, weil der verchromte Griff im Gegensatz zum gestrichenen eine dauerhaft glatte Oberfläche hat. Der zylindrische Griff kann auch drehbar sein oder in einer Kugel enden. Ein balliger Knauf ist ziemlich selten. Handräder gibt es fast ausnahmslos mit Speichen, sehr selten als Tellerrad. Der Kranz kann glatt oder mit Dellen an der Innenseite sein, an denen die Finger des Bedienenden Halt finden soll. Handräder bedeuten in jedem Fall eine erhebliche Vergrößerung der trägen Masse der bewegten Teile; ein Punkt, der später noch erörtert wird.
Die verschiedenen Anordnungen der Bedienteile sollen im folgenden auf ihre Vor- und Nachteile hin kritisch betrachtet werden. Vorausgesetzt wird dabei eine kontinuierliche Bewegung des Bedienteils während des Arbeitshubes.

Anordnung W_1: Hier wurden Griffe der Arten R, Rc und D beobachtet. Der gesamte Drehbereich kann bei dieser Anordnung überstrichen werden, ohne daß die Haltung des Handgelenkes geändert werden müßte.
Ist kein Formschluß gegen axiales Abgleiten der Hand vom Griff vorhanden, so muß die nötige Haltekraft durch Reibung zwischen Hand und Griff erreicht werden; das bedeutet aber statische Muskelbeanspruchung. Sämtliche angetroffenen Griffe sind ungünstig, besonders der Griff Rc, der eine besonders glatte Oberfläche aufweist. Günstiger ist ein balliger Griff (A), evtl. unten noch mit einem Bund versehen (B), oder der Griff nach Art eines Fahrradgriffes (C), s. Abb. 11.
Sind große Bewegungen des Bedienteils nötig, so sollen diese Griffe drehbar sein, damit eine Beugung oder Streckung des Handgelenkes vermieden wird.

Anordnung W_2: Vorgefundener Griff: Knauf
Je nach dem Neigungswinkel α des Bedienteils bildet diese Anordnung eine Zwischenlösung zwischen W_1 und W_3:

α nahe 90° für große Drehbereiche
α nahe 0° für kleine Drehbereiche bei guter Abstützung der Hand

An Maschinen, die universell eingesetzt werden sollen, ist diese Anordnung nicht zu empfehlen. Für spezielle Zwecke kann sie von Vorteil sein; je nach der Aufgabe muß der Neigungswinkel gewählt werden, wobei die Griffe ähnlich den für W_1 bzw. für W_3 als günstig erkannten Arten sein sollten.

Anordnung W_3: Angetroffene Griffe: R, Rc
Bei kleinen Drehwinkeln und geringen zu übertragenden Kräften kann der Winkel zwischen Unterarm und Griff etwas verändert werden. Bei größerer Kraft und erheblichen Drehwinkeln ist eine solche Ab- bzw. Adduktion der Hand unangenehm.

Abb. 16 Beginn des Arbeitshubes (siehe Text)

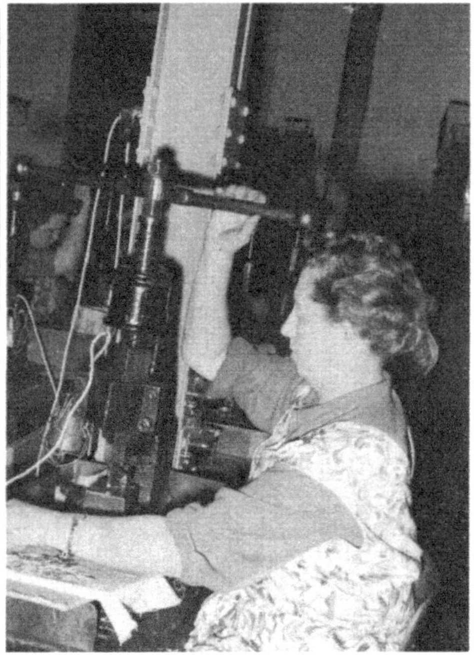

Abb. 17 Halber Arbeitshub (siehe Text)

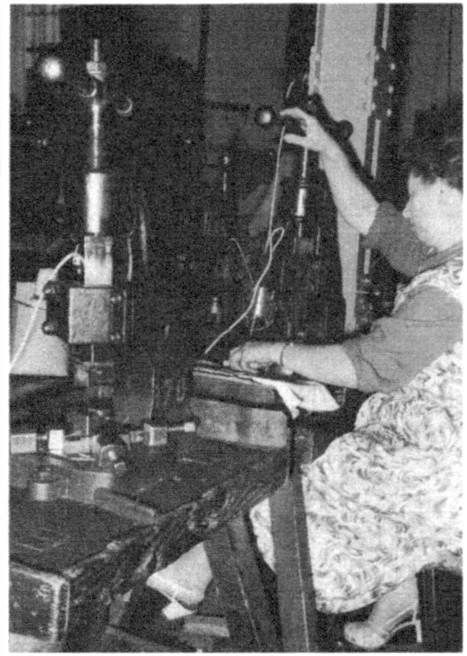

Abb. 18 Beginn des Rückhubes (siehe Text)

Der Vorteil dieser Anordnung liegt darin, daß die Hand auf den Griff aufgelegt werden kann. Dabei muß nur eine radial abziehende Kraft ausgeglichen werden, eine axial abziehende fehlt praktisch. Anwendbar ist diese Anordnung nur bei kleinen Hubwinkeln um die Nullage. Günstig ist ein stark balliger rauher Griff. Der Griff Rc ist ungünstig.

Anordnung W_4: Vorgefundene Griffart: R

Der Griff befindet sich weit über Schulterhöhe. Dadurch muß der Arm gestreckt steil nach oben gehalten werden. In dieser Haltung können nur geringe Kräfte in der gewünschten Umfangsrichtung aufgebracht werden. Die Muskelspannung in Arm und Schulter verstärkt die Kraft, die die Hand vom Griff abziehen will. Hand und Arm werden schlecht durchblutet.

Diese Anordnung des Bedienteils ist insgesamt sehr nachteilig. Sie sollte nicht benutzt werden.

Die Abb. 16, 17 und 18 zeigen den Arbeitsplatz an einer Spindelpresse, Bedienteilanordnung W_4.

Abb. 19 Arbeitsplatz an PSH, schlechte Sehbedingungen infolge Anordnung W_4

Deutlich erkennbar ist die beschwerliche Streckung des Arms nach oben, der ungünstige Winkel, unter dem die Kraft auf das Bedienteil übertragen wird. Hier ist – wie sehr oft bei W_4 – der Höhenunterschied zwischen Werkzeug und Ebene der Griffbahn zu groß. Der Arbeitende muß, um den Griff zu erreichen, so hoch sitzen, daß die Oberschenkel gegen die Tischkante gepreßt werden und die Sehbedingungen zum Wirkpaar sehr schlecht werden.
Die Abb. 19 und 20 zeigen einen ähnlichen Arbeitsplatz. Deutlich ist zu erkennen, welche ungünstigen Arbeitsbedingungen die Anordnung W_4 des Bedienteils schafft.

Abb. 20 Arbeitsplatz an PSH, anstrengende Arbeitshaltung des rechten Arms infolge Anordnung W_4

(An sich gehören die hier unterschiedenen Anordnungen W_3 und W_4 zu einer ein zigen Gruppe, die gekennzeichnet wird durch die waagerechte Griff-Längsachse. In der Praxis kommen jedoch gerade die hier angeführten Arten W_3 und W_4 oft, Zwischenformen selten vor. Deshalb schien es hier angebracht, die Systematik zu Gunsten der Praxis zurückzustellen.)

Anordnung S_1: Angetroffene Griffe: R, Rc, Kugel
Liegt die Drehachse etwa in Schulterhöhe, so kann nur im Bereich $-30°$ bis $+90°$ oder im Bereich $+90°$ bis $+210°$ gearbeitet werden; in anderen wird das

Handgelenk zu sehr beansprucht (Supination bzw. Pronation), und Umgreifen wird erforderlich. Beim Arbeiten im Bereich 0° bis + 90° kann die überhaupt höchst mögliche Zugkraft auf das Bedienteil übertragen werden, weil das ganze Körpergewicht mit eingesetzt werden kann.
Günstig sind Griffe nach der Art A und C (Abb. 11), um axiales Abgleiten der Hand vom Griff zu vermeiden; außerdem sollten sie rauh sein, damit auch radial eine genügend große Reibungskraft erzeugt werden kann.
Die Abb. 21, 22 und 23 zeigen Arbeitsplätze an Kniehebelpressen; Anordnung des Bedienteils nach S_1. Die Abb. 21 läßt erkennen, daß bei einer Auslenkung des Bedienteils um + 90° nur mittels Umgreifen und Mitbewegung von Schulter und Oberkörper der Griff noch weiter bewegt werden kann. Das gleiche zeigen

Abb. 21 siehe Text

Abb. 22 siehe Text

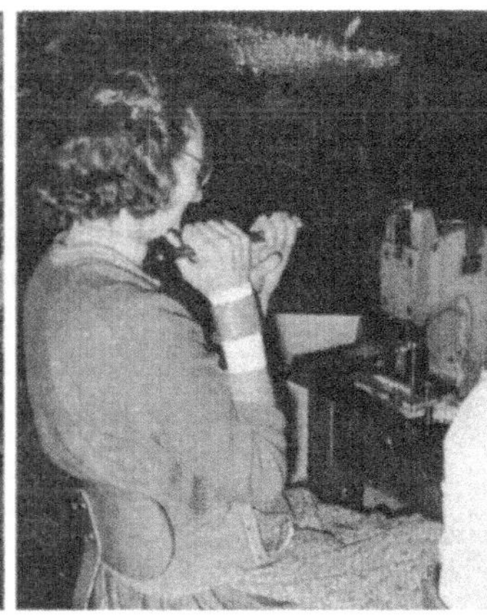

Abb. 23 siehe Text

auch die Abb. 22 und 23. An diesem Arbeitsplatz wurde das Bedienteil verlängert, um die Übertragung einer genügend großen Kraft auf die Maschine zu ermöglichen; dennoch muß die Arbeitende mit beiden Händen angreifen. Wenn aber so hohe Kräfte erforderlich sind, darf keine Handpresse mehr verwendet werden, da damit der Mensch überfordert wird.
Die Abb. 21, 22 und 23 zeigen, daß bei einer Auslenkung des Bedienteils von etwa 90° ein Wechsel zwischen Ad- und Abduktion des Handgelenks stattfindet bzw. Umgreifen nötig ist, wenn die Drehachse in Schulterhöhe liegt.

Anordnung S_2: Angetroffene Griffart: D
Diese Kurbelanordnung hat gegenüber S_1 den Vorteil, daß die Hubbewegung in jedem Bereich unbeschränkt möglich ist, weil das Handgelenk nicht pronatorisch oder supinatorisch beansprucht wird. Außer bei sehr kleinenHubwinkeln ist unbedingt ein drehbarer Griff erforderlich. Seine Form sollte leicht ballig sein, damit er sich der Handfläche gut anpaßt.
Bedienteilanordnungen nach S_2 bieten die Möglichkeit, bei Verwendung von Drehgriffen volle Umdrehungen des Bedienteils auszuführen, statt wie bisher nur

Teildrehungen. Ein voller Umlauf, d. h. eine geschlossene sich stetig ändernde Drehungsbahn, ist jedoch bei angemessener Lage und Größe der Bewegungsstrecke muskelphysiologisch günstiger als eine Hin- und Herbewegung. Allerdings würden damit, da der Stößel dann immer durch die gleiche tiefste Lage gehen muß, aus »arbeits-« oder »kraftgebundenen« Handpressen »maßgebundene«; außerdem wäre dann evtl. eine Nachschlagsicherung nötig.

Anordnung S_3:
Diese Anordnung bietet den Vorteil, daß an jeder Stelle des Kranzes gegriffen werden kann; es sind »unendlich« viele Griffe vorhanden. Bleibt die Hand während des Arbeitshubes am Kranz, sind nur kleine Drehwinkel möglich; große Hubwinkel können erreicht werden, wenn die Hand, nachdem sie dem Rad einen Impuls erteilt hat, den Kranz losläßt. Eine solche Arbeitsweise ist aber nicht in allen Fällen möglich.
Das Handrad sollte immer mit Dellen an der Kranz-Innenseite versehen sein, damit erforderlichenfalls ein gewisser Formenschluß zwischen Hand und Griff hergestellt werden kann. – Wird bei der Arbeit eine Speiche umgriffen, so liegt S_1 vor.

4.2 Höhenlage der Griffe

Besonders ungünstige Höhenlagen der Griffe können verhältnismäßig leicht ermittelt werden. Zur Ermittlung der günstigsten Lage läuft z. Z. eine Versuchsreihe, die im Berichtszeitraum noch nicht abgeschlossen war. Daher können hier zunächst nur folgende allgemeine Bemerkungen gemacht werden.

Griffe bei W:
Die Griffe sollen keineswegs über Schulterhöhe und nicht unter der Höhe des Ellenbogens bei herabhängendem Oberarm angebracht sein.

Griffe bei S_1:
Bei Drehung im Bereich 0 bis + 90°: tiefste Stellung nicht unter Schulterhöhe. Im Drehbereich + 90° bis + 270°: höchste Stellung Schulterhöhe, tiefste Stellung nicht unter Ellenbogenhöhe bei herabhängendem Oberarm.

Griffe bei S_2:
Tiefste Lage nicht unter Ellenbogenhöhe.

Griffe bei S_3:
Höchste Greifstelle in Kopfhöhe, tiefste in Ellenbogenhöhe.

Die günstigste Höhenlage der Griffe richtet sich weitgehend danach, wie der Verlauf des Arbeitswiderstandes über den Hubweg des Bedienteils ist, insbesondere danach, an welcher Stelle der größte Wert des Arbeitswiderstandes im Bedienteil wirksam wird. Das kann natürlich bei verschiedenen Arbeitsaufgaben sehr variieren. Deshalb ist es erforderlich, daß die Lage des Bedienteils (des Griffes) relativ zum Stößel verstellt werden kann, um besonders ungünstige Kombinationen von »Lage Griff« und »Verlauf des Arbeitswiderstandes« zu vermeiden. Im

allgemeinen genügt es, wenn das Bedienteil mit der Drehachse mit einem lösbaren 6- oder 8-Kant verbunden ist. Eine stufenlos verstellbare Verbindung (z.B. durch Ringfeder-Spannelemente, Tellerfedern usw.) ist noch vorteilhafter.
Bisher wurde vorausgesetzt, daß die Bewegung des Bedienteils während des Arbeitshubes kontinuierlich erfolgen müßte. Ist das nicht der Fall, so kann eine ratschenartige Vorrichtung vorteilhaft sein, die erlaubt, die Lage des Griffes relativ zur Stellung des zu bewegenden Gegenstandes zu verändern.

4.3 Lage des Arbeitsweges des Bedienteils

Sind die auf das Bedienteil zu übertragenden Kräfte sehr gering (in der Größenordnung von weniger als 1 kp), so können die Untersuchungen von F. STIER [14] herangezogen werden, um die günstigste Lage der Bewegungsstrecke anzugeben. Lage der Drehachse, Radius des Bedienteils und Lage des zur Arbeitsbewegung ausgenutzten Kreisabschnittes sollen so sein, daß der Griff eine Bahn beschreibt, bei der möglichst nur Hand und Unterarm bewegt werden, während der Oberarm in Ruhe bleibt. Am besten ist es, wenn diese Griffbahn in einer waagerechten Ebene liegt, die Drehachse des Bedienteils also senkrecht steht.
Müssen jedoch beträchtliche Kräfte auf das Bedienteil übertragen werden (in der Größenordnung von mehr als 10 kp), so kommt es darauf an, das Körpergewicht möglichst stark zur Erzeugung dieser Kraft mit einzusetzen. Die größten Kräfte können dann erzielt werden, wenn oberhalb der Schulter zum Körper hin gezogen wird, also in einer senkrechten Bewegungsebene. Kann der Körper aber an der Lehne eines sicher stehenden und stabilen Stuhles abgestützt werden, dann kann die Arbeitsrichtung auch waagerecht vom Körper weg gerichtet sein; in diesem Fall braucht die Reaktionskraft nicht durch Muskelspannung im Rumpf des Arbeitenden aufgebracht werden, sondern wird auf die Körperstütze (Lehne) übertragen. Dabei ist natürlich Voraussetzung, daß Rücken und Lehne miteinander in Kontakt sind; das bedeutet aber, daß die Bewegungsstrecke des Griffs etwa 25 cm Sehnenlänge nicht überschreiten darf.

4.4 Versuche zur Ermittlung optimaler Bedienteile

Die bisher gemachten Bemerkungen zur Vermeidung besonders ungünstiger Arbeitsbedingungen lassen sich unschwer aus allgemeinen mechanischen und arbeitsphysiologischen Kenntnissen ableiten. Handelt es sich aber darum, optimale Bedingungen zu ermitteln, so muß das durch Versuche geschehen. Dabei muß die Versuchseinrichtung gestatten, beliebige Kombinationen der folgenden Variablen herzustellen:

Größe und Verlauf des Arbeitswiderstandes
Lage der Drehachse des Bedienteils
Größe und Lage des Drehwinkels
Radius Drehachse–Griff
Art des Griffes

Eine Versuchseinrichtung, bei der solche vielfältigen Kombinationsmöglichkeiten vorhanden sind, wurde im Berichtszeitraum entwickelt und steht jetzt zur Verfügung. Ihr Aufbau ist:

In einem Rohrgestell ist eine in der Höhe verstellbare und schwenkbare Traverse befestigt. Sie trägt eine drehbare Welle, an der beliebige Bedienteile angebracht werden können. Den Arbeitswiderstand stellt eine elektromagnetische Bremse dar. Ihre Bremskraft hängt ab von dem Strom, der ihr zugeführt wird. Mittels einer Programmiereinheit kann gewählt werden, mit welchem Strom die Bremse abhängig von der Stellung des Bedienteiles beaufschlagt werden soll. Dadurch ist Größe und Verlauf des von der Versuchsperson beim Drehen des Bedienteiles zu überwindenden Bremsmomentes wählbar und reproduzierbar. Die Richtung, in der der Arbeitswiderstand wirkt, kann durch Umschalten geändert werden (Abb. 24).

Mit dieser Versuchseinrichtung wurde eine Anzahl von Vorversuchen gefahren. Um Aufschluß über die Belastung der Versuchspersonen zu erhalten, wurden vor und während der Arbeit die Pulsfrequenz registriert [9, 10] und der Sauerstoffverbrauch bestimmt [8, 12]. Bei Vorgabe von Arbeitswiderständen in der Größenordnung von 6 bis 12 mkp/Hub und Hubzahlen von 10 bis 20 pro min, wie sie auch in der Praxis häufig sind, stellten sich folgende Reaktionen bei den Versuchspersonen ein:

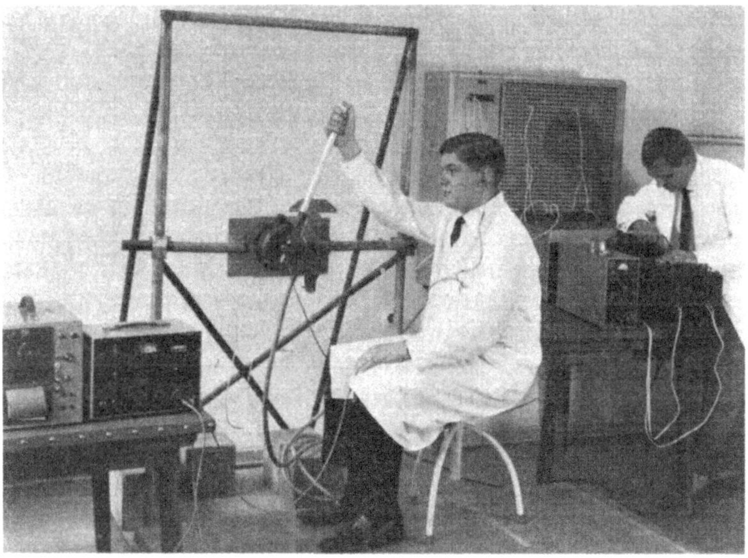

Abb. 24 Versuchseinrichtung zur Bestimmung der zweckmäßigen Art und Lage von Bedienteilen bei verschiedenen Arbeitswiderständen

> Erhöhung der Pulsfrequenz gegenüber Ruhe um 30–50 Schläge/min auf 80–110 Pulse/min; der O_2-Verbrauch betrug 0,4–1 l/min. Die körperliche Belastung der Versuchspersonen bei diesen Arbeiten entspricht also etwa dem Fahren auf dem Fahrradergometer mit einer Leistung von ungefähr 3 mkp/s.

Es stellte sich als sehr schwierig heraus, bei diesen physiologischen Reaktionen und bei ihren recht großen intra- und interindividuellen Streuungen Unterschiede infolge Änderung einer Arbeitsbedingung (z. B. unterschiedliche Griffarten) nachzuweisen. Es ist also notwendig, neben der Registrierung der Pulsfrequenz und des O_2-Verbrauches weitere Reaktionen der Versuchspersonen zu beobachten; z. B. bieten die Elektromyographie und Befragung der Versuchspersonen nach ihrem Urteil über die jeweiligen Versuchsbedingungen erfolgversprechende Möglichkeiten. In dieser Hinsicht werden z. Z. Versuche zur Bestimmung der optimalen Art und Lage von Bedienteilen durchgeführt, wobei Art und Größe des Arbeitswiderstandes variiert werden.

4.5 Größe des Energiespeichers

Mit drei verschiedenen Pressen wurden Versuche ausgeführt, um den Einfluß der trägen Massen im Pressenmechanismus, also des Energiespeichervermögens der Presse, auf die Arbeitsbedingungen zu erkennen.
Benutzt wurden drei Hand-Spindelpressen: P_1, P_2, P_3, deren Daten wie folgt waren:

Tab. 1 Daten der benutzten Handpressen

	Maßeinheit	P_1	P_2	P_3
Spindelsteigung	mm/Umdrehung	40	25	25
Spindeldurchmesser	mm	15	40	40
Ausladung	mm	60	220	220
Maximale Preßkraft, angegeben mit	kp	300	800 bis 1000	800 bis 1000
Übersetzungsverhältnis	–	33	55	55
Größe der trägen Masse	kp m^2	0,28	0,35	0,81
(Schwungmoment GD^2)	%	100	125	290

Ausgeführt wurden mit diesen Handpressen folgende Arbeiten:

1. a) Lochen von Tiefziehblech 0,75 mm stark;
   b) Lochen von Tiefziehblech 1,00 mm stark;
   jeweils in vollkantigem Schnitt, Lochdurchmesser 4,0 mm.
2. Eindrücken von Al-Hohl-Nieten (Ösen) in die gelochten Bleche von 0,75 mm Stärke. Der Ösendurchmesser betrug 3,9 mm, die Wandstärke war 0,01 mm; die Länge der Ösen betrug 4,0 mm.
3. Vernieten zweier Bleche von je 0,75 mm Stärke mit Al-Massiv-Nieten. Der Nietdurchmesser betrug 3,9 mm, ihre Schaftlänge 6 mm. Es handelte sich um Rundkopf-Nieten.

Die folgende Tabelle zeigt die bei diesen Arbeiten an den verschiedenen Pressen ermittelten Daten:

Tab. 2 Versuchsergebnisse beim Lochen, Ösen, Nieten

Arbeitsaufgabe	Presse	Erforderliche Nutzarbeit am Stößel cmkp	Zugeführte Arbeit cmkp	Pressenwirkungsgrad %	Größte gemessene Kraft am Handgriff in Umfangsrichtung kp
Lochen 0,75 mm	P_1	23,4	113	21	15
	P_2		139	17	10
	P_3		135	17	6
Lochen 1,00 mm	P_1	36,1	134	27	26
	P_2		224	16	16
	P_3		167	22	11
Ösen	P_1	10,5	84	13	5
	P_2		50	21	+ 1, — 2
	P_3		60	18	4
Nieten	P_2	46,9	243	19	11
	P_3		156	30	6

Aus dieser Aufstellung ist ein deutlicher Zusammenhang zwischen größter Handkraft am Stößel und Pressenart, d. h. Übersetzungsverhältnis und Größe der trägen Masse, zu erkennen. Die maximale Handkraft nimmt durchweg mit steigendem Speichervermögen der Presse ab. Das liegt daran, daß bei zunehmender träger Masse der plötzlich auftretende Arbeitswiderstand weniger durch Handkräfte überwunden wird, die in diesem Augenblick aufgebracht werden müssen, als dadurch, daß gespeicherte Energie freigegeben wird. Kennzeichnend sind folgende Handkraftverläufe:

Kleiner Speicher: Mit dem Hub allmählich ansteigende Kraft, steiler Anstieg und hohe Spitze beim Einsetzen des Arbeitswiderstandes.

Großer Speicher: Relatives Kraftmaximum bei Hubbeginn, um die trägen Massen zu beschleunigen; ein zweites Maximum beim Aufsetzen des Werkzeugs auf das Werkstück. Das zweite Maximum ist niedriger als die Kraftspitze bei kleinem Energiespeicher.

Interessant ist das Ösen. Bei P_1 tritt die größte Handkraft im Augenblick auf, da der Arbeitswiderstand einsetzt; bei P_2 positiv beim Beschleunigen der Masse, negativ beim Rückhub beim Beschleunigen und Überwinden der Haftkräfte zwischen dem Wirkpaar; bei P_3 beim Beschleunigen in positiver Richtung.
Bei der leichtesten Arbeit, dem Ösen, das nur eine Nutzarbeit von 10,5 cmkp und maximale Stößelkräfte von etwa 140 kp erfordert, schneidet hinsichtlich der aufgewendeten Arbeit die leichteste Presse P_1 am schlechtesten ab. Bei den schweren

Arbeiten, dem Lochen (0,75 mm Blechstärke: erforderliche Stößelkraft ca. 270 kp; 1,00 mm Blechstärke: erforderliche Stößelkraft ca. 350 kp), ist bei P_1 zwar die geringste Energieeinleitung nötig, aber die Handkräfte sind sehr hoch. Bei der schwersten Arbeit, dem Nieten, ist wegen des Fließens des Nietwerkstoffs zwar die höchste Energie am Wirkpaar erforderlich, aber die Kräfte am Wirkpaar liegen bei nur 280 kp. (Die Presse P_1 konnte für diese Arbeit nicht benutzt werden.) Mit der Presse P_3 konnte diese Arbeit mit geringerer zugeführter Energie und mit kleineren Handkräften ausgeführt werden als mit der leichteren Presse P_2. Selbst bei der leichten Arbeit des Ösens schneidet die massearme Presse P_1 schlecht ab, weil ihr verhältnismäßig viel Energie zugeführt werden muß; bei den schweren Arbeiten verlangt sie unzulässig hohe Handkräfte. Massearme Pressen sollten nur bei außerordentlich leichten Arbeiten eingesetzt werden! Die Presse P_2 mit einem mittleren Speichervermögen schneidet beim Ösen am besten ab; in allen anderen Fällen ist aber die Presse P_3 mit dem größten Speicher am günstigsten.

Die Tab. 2 gibt auch Aufschluß über die Wirkungsgrade der untersuchten Handpressen. Die Abb. 25 zeigt die ermittelten Wirkungsgrade und den daraus abgeschätzten Verlauf.

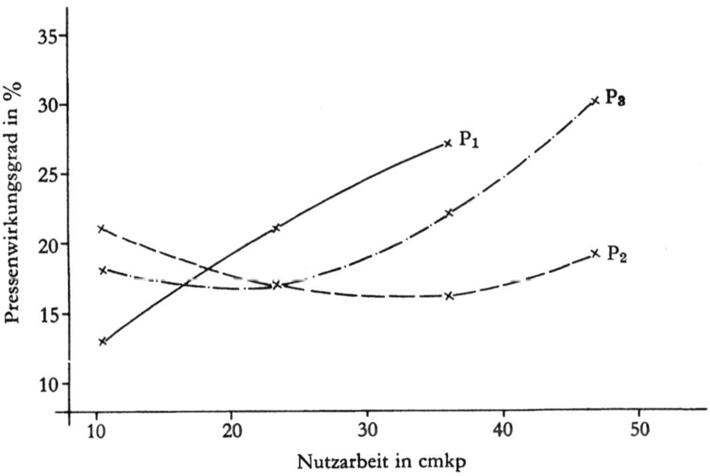

Abb. 25 Verlauf der Wirkungsgrade bei drei verschiedenen Handpressen

Mit zunehmbarer Nutzarbeit steigt der Wirkungsgrad bei P_1 flach an; bei P_2 ist er bei einer Nutzarbeit von etwa 30 cmkp am kleinsten und rechts und links von diesem Wert nimmt er etwas zu; bei P_3 ist von etwa 25 cmkp an eine erst geringere, dann eine größere Zunahme zu verzeichnen. Während bei P_1 beim Lochen des 1-mm-Bleches die angegebene zulässige Nennpreßkraft bereits überschritten war, ist bei P_2 und P_3 die Nennkraft erst zu etwa 40% ausgenutzt worden. Es ist zu vermuten, daß der Wirkungsgrad sich bei stärkerer Ausnutzung der Pressen noch erhöht hätte.

5. Zusammenfassung

Vornehmlich in den 30er Jahren sind die physiologisch günstigen Arbeitsbedingungen ermittelt worden für den Fall, daß in Handräder, Kurbeln und ähnliche Bedienteile vom Menschen Energie eingeleitet wird, indem er sie ein- oder mehrmals dreht. Bis heute fehlen aber Untersuchungen, in denen die zweckmäßigen Arbeitsbedingungen erforscht wurden für den Fall, daß die Bedienteile wiederholt gegen einen Widerstand gedreht und anschließend unbelastet zurückgeführt werden.
Es war zu klären, ob die Untersuchung solcher Arbeiten für die Praxis erforderlich scheint. Deshalb wurde durch Betriebsbesichtigungen zunächst festgestellt, ob und in welchem Ausmaß Bedienteile benutzt werden, in die durch Hin- und Herbewegen Energie eingeleitet wird. Es stellte sich heraus, daß allein etwa 50 000 Handpressen in den Betrieben der Bundesrepublik stehen, an denen solche Arbeitsbedingungen vorhanden sind. Auf ihre Bedienteile müssen Kräfte bis zu 25 kp und Energien bis zu etwa 15 mkp pro Arbeitsspiel aufgebracht werden; bis zu 30 Hübe pro Minute werden gefordert. Auch an anderen Werkzeugmaschinen wie Dreh-, Fräs- und Bohrmaschinen treten ähnliche Arbeitsweisen auf. Eine Untersuchung zur Ermittlung der physiologisch günstigen Arbeitsbedingungen an gegen einen Widerstand hin- und herbewegten Bedienteilen befriedigt also nicht nur theoretisches Interesse, sondern ist auch für die Praxis erforderlich.
Griffe sollen so geformt sein, daß die erforderliche Arbeitsenergie unter möglichst günstigen Bedingungen in sie eingeleitet werden kann und daß keine unnötigen statischen Muskelanspannungen aufgebracht werden müssen, um die Hand am Griff zu halten. Dabei ist eine Griffgestaltung vorzuziehen, die einen Formschluß zwischen Hand und Griff ermöglicht; ein Kraftschluß ist nachteiliger. Vier einfache Grifformen werden angegeben, die bessere Arbeitsbedingungen schaffen als die meisten bisher in der Praxis verwendeten Griffe.
Die Anordnung von Bedienteilen wird katalogisiert und kritisch besprochen, soweit das ohne eingehende und langwierige Untersuchungen möglich ist. Dabei kann bereits eine Anzahl besonders ungünstiger Arbeitsweisen herausgestellt werden.
Zur Ermittlung optimaler Bedienteile ist eine Versuchseinrichtung geschaffen worden. Vorversuche weisen auf eine erfolgversprechende Untersuchungsmethode hin, wobei nicht nur physiologische, sondern auch psychologische Reaktionen der Versuchspersonen berücksichtigt werden.
Die Fortsetzung und Erweiterung dieser Versuche scheint geboten, um der Praxis Richtlinien für den zweckmäßigen und physiologisch günstigen Einsatz der menschlichen Arbeitskraft geben zu können.

Dipl.-Ing. K. H. EBERHARD KROEMER

6. Literaturverzeichnis

[1] ATZLER, E., R. HERBST, G. LEHMANN und E. A. MÜLLER, Arbeitsphysiologische Studien. Pflügers Arch. 208, 184–244 (1925).

[2] CATHCART, E. P., D. T. RICHARDSON und W. CAMPBELL, Studies in Muscle Activity. J. of Physiol. 58, 355–361 (1923/24).

[3] HASDENTEUFEL, J. E., Optimale Gestaltung der Anordnung von Bedienungselementen. Ind. Psychotechnik 5, 149–157 (1932).

[4] HERIG, F., Bessere Arbeit durch bessere Griffe. Marhold-Verlag, Halle 1951.

[5] JASCHWILI, D., Über den Einfluß der Trägheit der bewegten Massen auf die Ökonomie der Kurbelarbeit. Arb.physiol. 1, 198–202 (1929).

[6] MCCORMICK, J. E., Human Engineering. McGraw-Hill Book Comp., New York–Toronto–London 1957.

[7] MÜLLER, E. A., Der beste Handgriff und Stiel. Arb.physiol. 8, 28–42 (1935).

[8] MÜLLER, E. A., und A. HEISING, Die Bestimmung des Energieumsatzes der beruflichen Arbeit im Respirationsversuch. Methoden des Max-Planck-Instituts für Arbeitsphysiologie, Dortmund. Als Manuskript vervielfältigt (1958).

[9] MÜLLER, E. A., und W. HIMMELMANN, Geräte zur kontinuierlichen foto-elektrischen Pulszählung. Int. Z. angew. Physiol. einschl. Arbeitsphysiol. 16, 400–440 (1957).

[10] MÜLLER, E. A., und W. HIMMELMANN, Die Anwendung des foto-elektrischen Pulszählers. Methoden des Max-Planck-Instituts für Arbeitsphysiologie, Dortmund. Als Manuskript vervielfältigt (1960).

[11] MÜLLER, E. A., und A. MÜLLER, Die günstigste Größe und Anordnung von Handrädern. Arb.physiol. 14, 27–44 (1949).

[12] MÜLLER, E. A., und G. SOLBACH, Die Gasanalyse nach HALDANE. Methoden des Max-Planck-Instituts für Arbeitsphysiologie, Dortmund. Als Manuskript vervielfältigt (1961).

[13] SCHULHOF, A., Die Bedienung der belasteten Handkurbel. Ind. Psychotechnik 2, 59–64 (1925).

[14] STIER, F., Die Geschwindigkeit von Armbewegungen. Int. Z. angew. Physiol. einschl. Arb.physiol. 18, 82–100 (1959).

[15] ULBRICHT, O., Über die optimalen Bedingungen bei der Arbeit an Drehkurbeln. Neue Psychol. Studien 2, 229–252 (1930).

FORSCHUNGSBERICHTE DES LANDES NORDRHEIN-WESTFALEN

Herausgegeben im Auftrage des Ministerpräsidenten Dr. Franz Meyers von Staatssekretär Prof. Dr. h. c. Dr.-Ing. E. h. Leo Brandt

RATIONALISIERUNG

HEFT 1052
Prof. Dr.-Ing. Joseph Mathieu, Dr. rer. nat. Konstantin Behnert und Dipl.-Ing. Johann Heinrich Jung, Forschungsinstitut für Rationalisierung an der Rhein.-Westf. Technischen Hochschule Aachen
Mathematisch-organisatorische Studie zur Planung der Kapazität von Betriebsanlagen
1961, 62 Seiten, DM 20,60

HEFT 1073
Prof. Dr.-Ing. Joseph Mathieu, Dr. rer. pol. Roland A. Schmitz und Dipl.-Kfm. Paul Müller-Giebeler, Forschungsinstitut für Rationalisierung an der Rhein.-Westf. Technischen Hochschule Aachen
Untersuchung über Grundlagen und Anwendbarkeit von Vertriebskosten-Vergleichen
1962, 79 Seiten, zahlr. Abb., 5 Tabellen, DM 39,—

HEFT 1111
Prof. Dr.-Ing. Joseph Mathieu und Dr.-Ing. Werner Zimmermann, Institut für Arbeitswissenschaft der Rhein.-Westf. Technischen Hochschule Aachen
Bestimmung des optimalen Produktionsprogrammes in Industriebetrieben
1962, 65 Seiten, 19 Abb., 19 Tabellen, 11 Simplex-Tabellen, DM 54,60

HEFT 1112
Prof. Dr.-Ing. Joseph Mathieu, Dipl.-Ing. Alfred Schnadt, Dipl.-Ing. Hans Schönefeld und Dr.-Ing. Werner Zimmermann, Institut für Arbeitswissenschaft der Rhein.-Westf. Technischen Hochschule Aachen
Beschäftigung und Ausbildung technischer Führungskräfte
1962, 108 Seiten, 2 Abb., 69 Tabellen, DM 49,50

HEFT 1174
Deutsches Krankenhausinstitut e. V., Düsseldorf
Strahlenuntersuchungen und Strahlenbehandlungen — Organisation und Arbeitsablaufgestaltung in Strahlenabteilungen Allgemeiner Krankenhäuser

HEFT 1181
Prof. Dr.-Ing. Joseph Mathieu und Dipl.-Ing. Kurt Gollnow, Forschungsinstitut für Rationalisierung an der Rhein.-Westf. Technischen Hochschule Aachen
Beitrag zur Rationalisierung handwerklicher Betriebe — Entwicklung einer Untersuchungsmethode, dargestellt am Beispiel des Schreinerhandwerks
1963, 118 Seiten, 19 Abb., zahlr. Übersichten DM 62,50

HEFT 1216
Prof. Dr.-Ing. Joseph Mathieu, Dr.-Ing. Johann Heinrich Jung und Dr. rer. nat. Konstantin Behnert, Forschungsinstitut für Rationalisierung an der Rhein.-Westf. Technischen Hochschule Aachen
Ein Verfahren zur Planung der Maschinenbelegung in einer Fertigungsstufe
1963, 39 Seiten, 18 Abb., DM 19,50

HEFT 1225
Prof. Dr.-Ing. Joseph Mathieu, Dipl.-Ing. Johannes Georg Endter und Dr. phil. Carl Alexander Roos, Forschungsinstitut für Rationalisierung an der Rhein.-Westf. Technischen Hochschule Aachen
Der Ingenieur im industriellen Vertrieb
1963, 100 Seiten, 2 Abb., 49 Tabellen, DM 39,40

HEFT 1227
Prof. Dr.-Ing. Joseph Mathieu und Dr.-Ing. Wolfgang Frenz, Forschungsinstitut für Rationalisierung an der Rhein.-Westf. Technischen Hochschule Aachen
Untersuchungen zur Arbeitszeiteinteilung in kontinuierlich arbeitenden Betrieben
1963, 65 Seiten, zahlr. Tabellen, DM 36,—

HEFT 1228
Dr.-Ing. Wolfgang Frenz, Forschungsinstitut für Rationalisierung an der Rhein.-Westf. Technischen Hochschule Aachen, Direktor: Prof. Dr.-Ing. Joseph Mathieu
Beitrag zur Messung der Produktivität und deren Vergleich auf der Grundlage technischer Mengengrößen
1963, 53 Seiten, DM 24,50

HEFT 1229

Dr.-Ing. Georg Ringenberg, Forschungsinstitut für Rationalisierung an der Rhein.-Westf. Technischen Hochschule Aachen, Direktor: Prof. Dr.-Ing. Joseph Mathieu

Ein Beitrag zur Beurteilung von Großzahlerscheinungen in der Arbeitswissenschaft mit Hilfe quantitativer Methoden

In Vorbereitung

HEFT 1230

Dr.-Ing. Mostafa Hamdy Ahmed Hamdy, Rhein.-Westf. Technische Hochschule Aachen, Direktor: Prof. Dr.-Ing. Joseph Mathieu

Beitrag zur Kritik der Verfahren vorbestimmter Zeiten

In Vorbereitung

HEFT 1231

Dr.-Ing. Klaus-Günter Wendt, Forschungsinstitut für Rationalisierung an der Rhein.-Westf. Technischen Hochschule Aachen, Direktor: Prof. Dr.-Ing. Joseph Mathieu

Möglichkeiten und Grenzen der Ermittlung von fertigungstechnischen Kennzahlen und Richtwerten, erörtert am Beispiel der Zahnradherstellung

In Vorbereitung

HEFT 1232

Dr.-Ing. Friedrich Tübergen, Forschungsinstitut für Rationalisierung an der Rhein.-Westf. Technischen Hochschule Aachen, Direktor: Prof. Dr.-Ing. Joseph Mathieu

Untersuchung über Möglichkeiten zur Berücksichtigung unterschiedlicher Erzeugnisqualitäten bei der Produktivitätsmessung, erläutert am Beispiel einer spanabhebenden, feinmechanischen Fertigung.

1963, 76 Seiten, 14 Tafeln, DM 29,—

HEFT 1233

Dr.-Ing. Joachim P. Rockstuhl, Essen-Stadtwall

Untersuchung über Möglichkeiten einer verursachungsgerechten Zuordnung der im betrieblichen Fertigungsablauf entstehenden Kosten, insbesondere der Restgemeinkosten

In Vorbereitung

HEFT 1237

Verband Deutscher Streichgarnspinner e. V., Düsseldorf

Betriebsvergleich in den Streichgarnspinnereien, Teil 1, bearbeitet vom Forschungsinstitut für Rationalisierung an der Rhein.-Westf. Technischen Hochschule Aachen

Direktor: Prof. Dr.-Ing. Joseph Mathieu

In Vorbereitung

HEFT 1250

Dr. Friedrich Walter, Lehrbeauftragter für Regionale Statistik an der Universität Münster

Regionale Wirtschaftsstatistik nach Betrieben, ihre kartographische Auswertung und deren Bedeutung

In Vorbereitung

HEFT 1257

Dipl.-Ing. H. Lick, Dipl.-Ing. A. Prüßmann und Dipl.-Ing. J. M. Rychwalski, Institut für Elektrische Nachrichtentechnik der Rhein.-Westf. Technischen Hochschule Aachen

Beiträge zur Theorie und Praxis selbsttätiger elektrischer Brandmelde-Geber

II. Teil: Brandmeldung als nachrichtentechnisches Problem, Prüfung der thermischen Eigenschaften der Temperatur-Geber, Rauch als Merkmal eines Brandes, Auswertung von Brandstatistiken

1963, 76 Seiten, Zahlr. Abb., DM 39,50

HEFT 1259

Priv.-Doz. Dr. med. Dr. phil. Joseph Rutenfranz und Prof. Dr. med. Otto Graf, Max-Planck-Institut für Arbeitsphysiologie, Dortmund

Zur Frage der zeitlichen Belastung von Lehrkräften

1963, 53 Seiten, 7 Abb., 15 Tabellen, DM 24,—

HEFT 1265

Dr.-Ing. Fulvio Fonzi, Institut für Arbeitswissenschaft der Rhein.-Westf. Technischen Hochschule Aachen, Direktor: Prof. Dr.-Ing. Joseph Mathieu

Beitrag zur Anwendung mathematischer Methoden für eine wirtschaftlichere Gestaltung der Fertigung

In Vorbereitung

HEFT 1266

Prof. Dr.-Ing. Joseph Mathieu und Dr.-Ing. Johann Heinrich Jung, Forschungsinstitut für Rationalisierung an der Rhein.-Westf. Technischen Hochschule Aachen

Rechenprogramm und Beispielrechnung in einer Fertigungsstufe

1963, 33 Seiten, 3 Abb., 3 Tabellen, DM 15,60

HEFT 1269

Dipl.-Ing. K. H. Eberhard Kroemer, Max-Planck-Institut für Arbeitsphysiologie, Dortmund, Direktor: Prof. Gunther Lehmann

Bedienteile an Handpressen und anderen Werkzeugmaschinen

HEFT 1279

Karl-Heinz Böhling, Rhein.-Westf. Institut für Instrumentelle Mathematik, Bonn

Zur Strukturtheorie sequentieller Automaten

In Vorbereitung

HEFT 1290

Dr. rer. nat. Wolf-Dietrich Meisel, Rhein.-Westf. Institut für Instrumentelle Mathematik, Bonn

Zur Simultation einer digitalen Integrieranlage mittels eines elektronischen Rechenautomaten

HEFT 1291

Gerhard Schröder, Rhein.-Westf. Insitut für Instrumentelle Mathematik, Bonn

Über die Konvergenz einiger Jacobi-Verfahren zur Bestimmung der Eigenwerte symmetrischer Matrizen

In Vorbereitung

HEFT 1301

Dipl.-Ing. Peter Mevert, Forschungsinstitut für Rationalisierung an der Rhein.-Westf. Technischen Hochschule Aachen, Direktor: Prof. Dr.-Ing. Joseph Mathieu

Untersuchung über die Genauigkeit von Multimomentstudien

In Vorbereitung

HEFT 1306

Prof. Dr. E. Peschl und Dr. Karl Wilhelm Bauer, Rhein.-Westf. Institut für Instrumentelle Mathematik, Bonn

Über eine nichtlineare Differentialgleichung 2. Ordnung, die bei einem gewissen Abschätzungsverfahren eine besondere Rolle spielt

In Vorbereitung

HEFT 1307

Dipl.-Math. Jürgen R. Mankopf, Rhein.-Westf. Institut für Instrumentelle Mathematik, Bonn

Über die periodischen Lösungen der VAN DER POLschen Differentialgleichung $\ddot{x} + \mu (x^2 - 1) \dot{x} + x = 0$

In Vorbereitung

HEFT 1308

Heinz Ober-Kassebaum. Rhein.-Westf. Institut für Instrumentelle Mathematik, Bonn

Über die P-Separation der Schrödlinger-Gleichung und der Laplace-Gleichung in Riemannschen Räumen

In Vorbereitung

HEFT 1313

Joachim Hornung und Dr. med. Jürgen Stegemann, Max-Planck-Institut für Arbeitsphysiologie, Dortmund Direktor: Dr. med. Gunther Lehmann

Ein nichtlineares kybernetisches Modell für die Pupillenreaktion auf Licht

In Vorbereitung

WESTDEUTSCHER VERLAG · KÖLN UND OPLADEN

567 Opladen/Rhld., Ophovener Straße 1-3

GPSR Compliance

The European Union's (EU) General Product Safety Regulation (GPSR) is a set of rules that requires consumer products to be safe and our obligations to ensure this.

If you have any concerns about our products, you can contact us on ProductSafety@springernature.com

In case Publisher is established outside the EU, the EU authorized representative is:

Springer Nature Customer Service Center GmbH
Europaplatz 3
69115 Heidelberg, Germany

Batch number: 10584556

Printed by Printforce, the Netherlands